綠色生活

莉茲·戈格利 著　　　　桑切斯先生 繪

新雅文化事業有限公司
www.sunya.com.hk

環保小先鋒GO！

綠色生活

作　　者：莉茲・戈格利（Liz Gogerly）
繪　　圖：桑切斯先生（Sr. Sánchez）
翻　　譯：Fiona
責任編輯：黃碧玲
美術設計：劉麗萍
出　　版：新雅文化事業有限公司
香港英皇道499號北角工業大廈18樓
電話：（852）2138 7998
傳真：（852）2597 4003
網址：http：//www.sunya.com.hk
電郵：marketing@sunya.com.hk
發　　行：香港聯合書刊物流有限公司
香港荃灣德士古道220-248號荃灣工業中心16樓
電話：（852）2150 2100　傳真：（852）2407 3062
電郵：info@suplogistics.com.hk
印　　刷：中華商務彩色印刷有限公司
香港新界大埔汀麗路36號
版　　次：二〇二四年三月初版

ISBN：978-962-08-8335-4
Original published in English language as ‘*Go Green!*’

18/F, North Point Industrial Building, 499 King’s Road, Hong Kong
Published in Hong Kong SAR, China
Printed in China

目錄

生日會

孩子們在小麗的生日會上玩得很愉快。他們玩了很多遊戲，例如音樂傳球和紅綠燈，還有很多豐富的禮品等着他們贏取呢！之後，他們來了一場氣球大戰。

生日會上的食物非常美味，每人也吃了很多巧克力，小麗還拆開了所有禮物。這真是個非常有趣的生日會，可是，現在到處都亂七八糟了！這讓孩子們停下來思考……

▲小熊佛雷德

這可愛的泰迪熊是今天收到的禮物！但它的未來將會怎樣呢？翻閱這本書來跟隨小熊的旅程吧！

▲塑膠玩具

部分塑膠玩具無法循環再造，最終只能進入堆填區，甚至污染大海。在派對上獲得的廉價塑膠玩具是由無法生物降解的塑膠製成的。

氣球

派對中的氣球可以帶給我們無窮樂趣，但千萬不要把它們放到室外去，因為它們最終會掉落土地或大海中。雀鳥和魚等動物會以為氣球是食物而誤食，因此死亡。加上大部分長年被丟棄的氣球也難以進行生物降解。

廚餘

你知道全球有大約三分之一糧食被浪費嗎？浪費了的食物本可以用來養活其他人。而且，如果不浪費食物，便可以減少生產食物所需的資源，例如能源、水和土地。

廢物去哪裏？

對孩子而言，小麗的生日會只是個開始。他們想知道接下來一袋袋的食物和紙碟會被送到哪裏。諾諾說，學校有本書指出垃圾會被運往堆填區。堆填區是一個大大的洞，垃圾會被傾倒進去。

許多家庭將家居廢物和可回收材料混在一起放進垃圾袋丟棄，結果全被運送到堆填區或焚化爐。

垃圾袋

一些塑膠垃圾袋要長達1,000年才分解。我們應購買對環境無害的垃圾袋來棄置垃圾。

採取行動！

在家中實踐綠色生活吧！緊記先把廢物分類好才放進垃圾袋。如果你的家人不不知道如何分類回收，那就向他們講解一下吧！

▲焚化爐

除了將垃圾送往堆填區外，還可以將它們燒毀焚化。燃燒過程中產生的熱力可以轉化為能源和電力。

停一停，想一想

當堆填區填滿後，工人會用黏土或塑膠膜覆蓋它，然後鋪上一層泥土。為了美化環境，通常會在上面種植草皮。可是，地底會同時發生各種變化——廚餘分解會產生甲烷，這氣體可以被提煉並燃燒來產生能源。但某些氣體和有害物質一旦洩漏，便會危害附近的空氣，水和泥土。

堆填區

- 有些食物可能在數星期內分解，但塑膠和玻璃卻可能耗時數千年才能分解。
- 鋁罐需要80至200年才能分解，但這些物品是可以回收再造的。
- 即棄尿布需要250至500年才能分解。

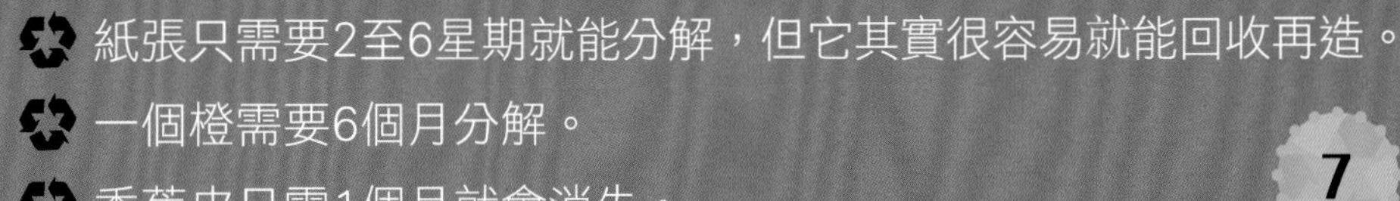

- 紙張只需要2至6星期就能分解，但它其實很容易就能回收再造。
- 一個橙需要6個月分解。
- 香蕉皮只需1個月就會消失。

綠色郊野

孩子們想到了更多人們不妥善處理垃圾的例子。森仔曾參加過一個戶外音樂節，他和家人很早就到達場地並在原野紮營，欣賞美麗的風景。及後，越來越多人帶着一箱箱食物和飲品到達。這個音樂節為期兩天，大家都玩得興高采烈，但郊外卻變得十分髒亂……

環保4R

大家要記得**減少使用**（**R**educe）、**物盡其用**（**R**euse）、**循環再用**（**R**ecycle）和**替代使用**（**R**eplace），那就可以享受一個既乾淨又環保的音樂節。

採取行動！

保護大自然，不傷害動植物是很重要的。大部分地方都有郊區守則，那是到郊野時須遵守的規則。首要規則是自己垃圾自己帶走，做到「山野不留痕」。

停一停，想一想

日常用品的分解時間：

- 玻璃瓶：100萬至200萬年
- 皮鞋：25至40年
- 橡膠水鞋：50至80年
- 製作帳篷的尼龍或合成纖維：30至40年

音樂節後……

第5個R是尊重（Respect）

我們在享受活動的同時，也要謹記尊重各種生物。隨意踐踏花草的話，一些動物和昆蟲可能會失去牠們的棲息地。

愛護地球

你曾像這些孩子一樣，突然對環保意識覺醒嗎？你是否突然意識到自己每天所做的事情對世界產生影響？小麗、諾諾、露露和森仔決定肩負更多責任去照顧地球。但為什麼要馬上採取行動呢？

我們的海洋

我們不假思索就丟棄的物品，在海洋形成了巨大的垃圾島。這些垃圾的面積估計相等於印度、墨西哥和歐洲加起來。當中很多垃圾是不能分解的塑膠。每年因塑膠廢物（例如膠袋）而死亡的海洋生物約有100萬。

全球暖化

地球越來越熱，這就是全球暖化。這現象是由大氣層的二氧化碳導致的。很多科學家認為需要減少二氧化碳（人類活動產生的氣體）排放來延緩全球暖化。這些排放主要來自燃燒燃料，例如使用石油來驅動車輛或燃燒煤炭產生電力或熱力。全球暖化已導致超過100萬種生物絕種。

採取行動！

簡單的環保行動是步行或騎單車上學去。這樣可以降低燃料消耗，即減少二氧化碳排放和污染，而且有益身心！

我們的河流

很多人很幸運，家中有潔淨的自來水。根據美國國際開發署估計，到了2025年，世界三分之二的人口將面臨極度缺水的問題。這是由全球暖化帶來的氣候變化和污染所導致的。

停一停，想一想

地球是大約80億人的家園。所有人都依賴這奧妙的星球來提供我們所需的空氣、水、糧食，也讓我們欣賞到美麗的原野和海洋。現代人類在20萬年前進化而來，在這段時間裏，地球養育了我們，現在是我們照顧地球的時候了。

是時候展開綠色生活了！

孩子們開始在生活上作出改變。第二天，他們不再坐汽車，而是騎單車上學去。在學校，他們詢問老師還可以怎樣幫助保護環境。

▼ 從家裏帶來空牛奶盒和果汁盒，可以用作花盆或盛水器皿。

▼ 這所學校盡一切所能選擇環保的文具用品。這些是百分百再造紙。

這是零廢棄的課室，課室內已設置紙張、膠瓶和玻璃回收箱，確保盡量減少要運往堆填區的物品。

▲ 這裏不會浪費紙張，會重用來製作新筆記本，或剪成便條紙。大家都會雙面書寫呢！

筆和其他文具也會用到不能再用為止。它們可能看起來不夠亮麗新穎，但也能正常使用。

夢露老師對孩子們決定展開綠色生活而感到高興。她解釋，綠色生活是關於我們留意到地球的變化並決定幫助它。這也表示我們要對環境友善，以及在生活中作出有助保護地球的選擇。夢露老師已經在課室作出改變來保護環境了。

▲孩子們喜歡種植並觀察種子發芽生長。將戶外事物帶入課室，除了對孩子們身心有益外，也讓他們想起大自然有多奇妙。

停一停，想一想

有些飲料瓶使用的塑膠是可生物降解的，即是它可以分解或降解。儘管這些塑料可以分解，但完全分解需時450至1000年，也持續對環境有害。

減少碳排放

走向綠色生活意味着我們越來越了解我們的地球正在經歷什麼變化，以及這些變化為什麼是難以解決的問題。全球暖化、氣候變化和污染就是當今世界面臨的重大挑戰。

沒有人確切知道地球暖化的原因，但大部分科學家認為這是二氧化碳等溫室氣體所造成。二氧化碳是在我們燃燒化石燃料產生能源時排放出來的。

無論是開冷氣或暖氣、洗衣服、煮食或駕車，我們日常生活中所做的事情都在增加碳排放量。好消息是，通過實踐綠色生活，我們可以減少碳排放量。

許多產生二氧化碳的活動會同時帶來污染。如果我們找到減少二氧化碳排放的方法，這能真正幫助保護環境。

為了減少碳排放，我們要重新思考日常生活的大小事，尋找替代方法或作出改變。因此，我們需要審視乘搭的交通工具、家裏的能源供應和消耗、選購的食物以及如何在減少使用、物盡其用、循環再用這三方面作出改善。

採取行動！

不坐汽車，選擇步行或騎單車上學，能減少你的碳排放。如果家裏使用太陽能（利用太陽所產生的能源）供電，也可以減少碳排放。不需要照明時把電燈關掉、做到物盡其用和循環再用，也可以減少能源損耗。

氣候變化

我們在日常生活作出的小改變能減少碳排放，從而延緩氣候變化。然而，為什麼氣候變化這麼重要呢？

夢露老師解釋，地球正慢慢變暖。自1900年起，全球溫度已經上升攝氏0.8度。一些科學家認為，到了21世紀末，地球溫度會上升攝氏2至5度。

極端天氣警報

很多專家同意，溫度上升會引發不同的天氣轉變。一些專家認為極端天氣例如熱浪、乾旱、風暴和淹水等會因此日趨嚴重。

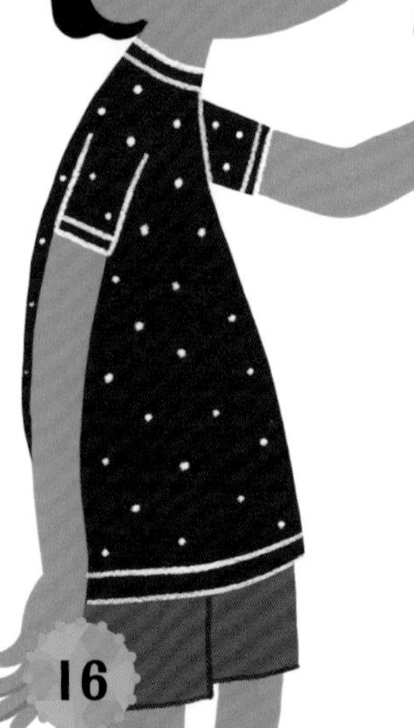

採取行動！

改變自己的天氣吧！在家中作出小改變，例如關掉暖氣或冷氣，便可以減少碳排放。寒冷就穿毛衣或站起來活動身體。炎熱時，減少開冷氣或電風扇，改為穿上輕便、淺色的衣服並待在陰涼處。

停一停，想一想

氣候變化正影響瀕危物種的生活。北極熊依賴海冰，因為這是牠們生活和覓食的地方。北極的氣溫上升，海冰每10年融化約10%。海冰消融，北極熊的生存會受到威脅。科學家擔心牠們終將絕種。

洪水警報！

氣候變化導致極地冰層融化，水位上升，這會導致將來沿海地區洪水氾濫和低窪地區被淹沒。

為什麼要減少使用？

減少使用、物盡其用和循環再用是非常重要的。孩子們想知道為什麼要減少廢物。幸運的是，他們的校長有豐富的環保知識，可以向他們解釋實際情況。

金錢！無論是食物、日用品（例如衣服和設備），這一切都需要花費大量金錢、能源和天然資源。

交通工具！運送食物和一切生活用品都花費金錢。由於我們仍然主要以化石燃料，例如石油來驅動交通工具，這就會產生污染。

採取行動！

我們可以從圖書館或向朋友借書，在網上租看電影或在慈善商店購買二手影碟。盡量購買耐用的物品，以免很快就要丟棄並送往堆填區去。

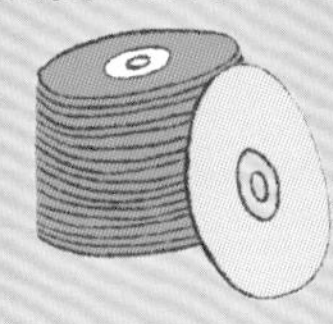

停一停，想一想

實踐綠色生活的首要任務是減少購買。買東西前，要想清楚是否真的需要。在學校，常常會出現讓大家雀躍的新潮物品，像是近年流行的手織帶和指尖陀螺。但它們也許很快就過時，而且無法回收，最終無可避免被棄置到堆填區裏。你還想堆出更高的垃圾山嗎？

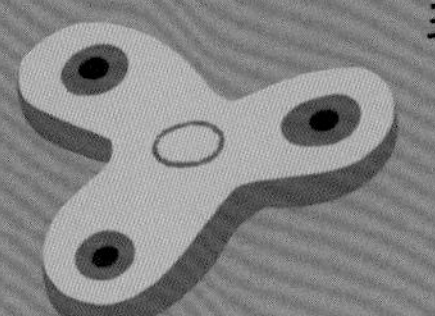

廢物！當我們耗盡物品，或者物品成為廢物以後，我們需要花費金錢來處理它，例如付費來讓垃圾車清空街道垃圾桶或是將垃圾送往焚化爐。

堆填區！廢物棄置到堆填區也會引發問題——廢物釋放出來的有害物質可能洩漏到鄰近地方。

污染！堆填區的有毒物質會危害動植物，並滲入我們的水源，造成水污染。

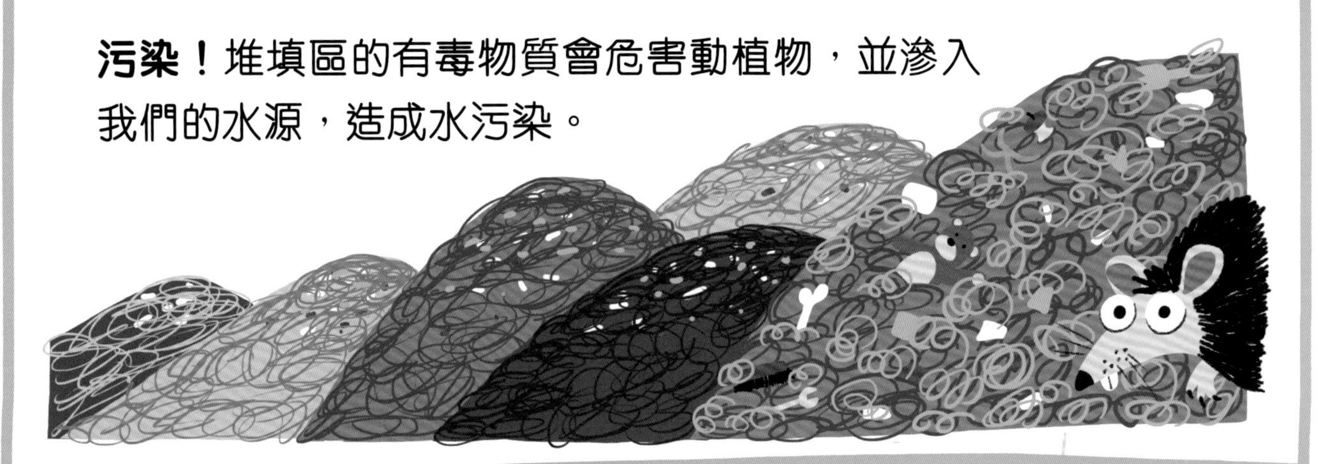

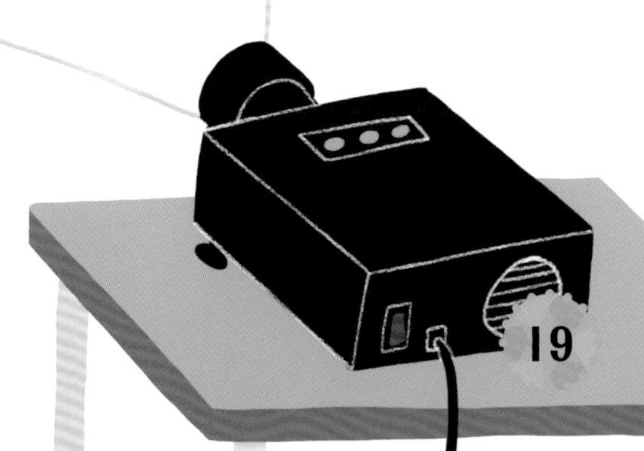

為什麼要重複使用？

為了幫助孩子明白為什麼我們應該重複使用物品，學校邀請了他們本地「重用物品超級大賣場」的艾迪來介紹他的工作。

艾迪是給予物品「第二生命」的專家。人們捐贈各式各樣物品到他的大賣場，從家具、大型家電（例如雪櫃），到玩具（例如泰迪熊）。他想確保所有東西都可以重複使用，而不是送到堆填區。大部分人們丟棄的東西，卻是其他人所需要的。

停一停，想一想

許多被歐洲和美國慈善商店拒絕接收的二手衣服，都會被送往發展中國家。這些衣服可能不再時髦，但它們狀況良好，甚至有些地方對這些衣服的需求很大呢！

雪櫃的難題

雪櫃含有一種製冷的物質叫雪種。雪種是溫室氣體，對環境有害。因此，所有雪櫃及冰櫃都不應該隨意丟棄或送往堆填區。

沙發的解決方法

在堆填區，大型廢物如沙發，佔用寶貴的堆填空間。只要沙發狀態良好，就可以給予另一個家庭重複使用。

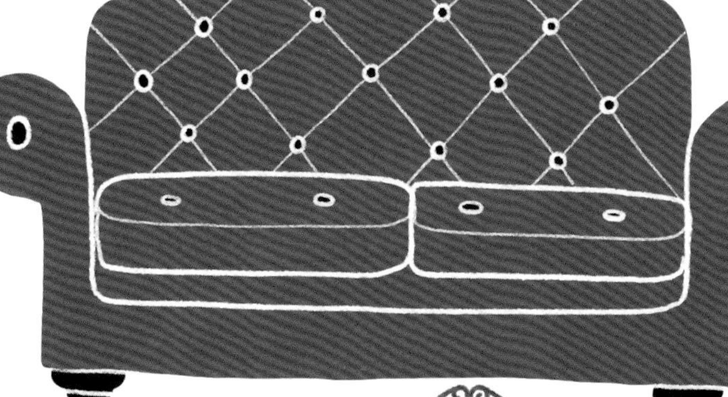

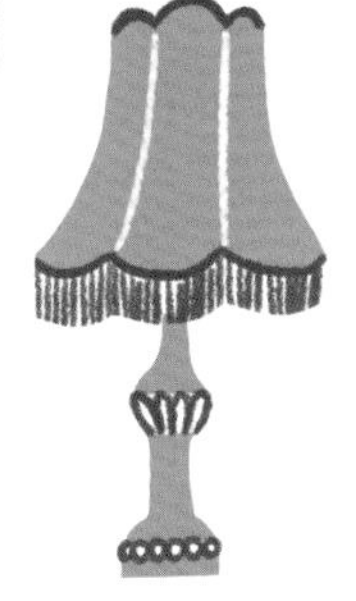

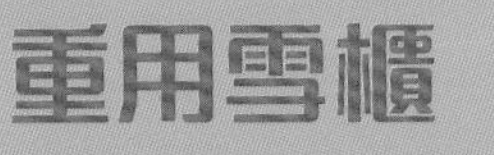

重用雪櫃

由於很難回收和丟棄雪櫃，最適合的處理方法是為仍能運作或可以修復的雪櫃尋找新家。

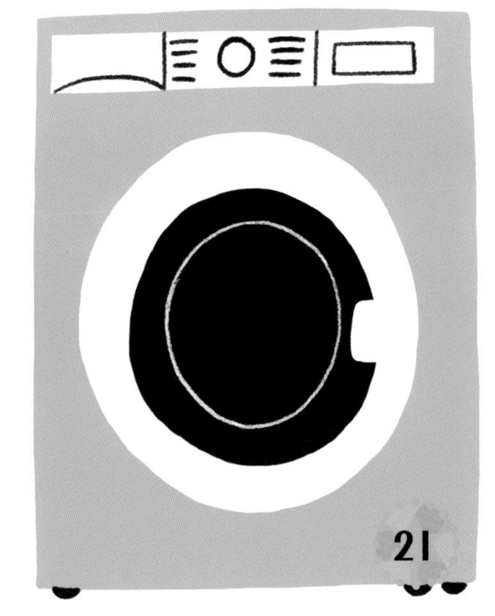

回收困難

大型家電如雪櫃、洗衣機和焗爐是很難回收的。它們既龐大又笨重，需要小心分拆才能回收當中的鋼、銅和鋁。

實踐重複使用

孩子們從重複使用這概念中得到了靈感。他們在家裏尋找不再需要的物品，找到可以捐贈的衣服、書籍、玩具和運動用品。他們想知道有沒有辦法可以用這些物品來交換他們需要的東西。

露露發現很多網站可以輕鬆交換幾乎任何物品，有些網站可以讓他們捐贈物品，甚至免費獲取物品！

停一停，想一想

Freecycle組織於2003年在美國亞利桑那州的圖森市成立。成立目的是將已不需要、又可重複使用的物品贈予他人，以減少將物品送往堆填區。贈送者只需在網上發布物品，並決定哪一位可以接收。人們也可以發布他們所需的物品，並在收到物品時讓羣組知道。目前，Freecycle 組織在全球超過5,000個城市有超過900萬會員。它的規則很簡單： 所有宣傳必須是免費的。

採取行動！

鼓勵家人加入類似Freestyle的本地組織或其他環保機構（可參考本書第47頁），看看有什麼物品不用送往堆填區。每一樣我們贈送或收到的物品都有助減少浪費和碳足跡。

為什麼要循環再造？

如果要實踐綠色生活，回收是很重要的。回收是第三個「R」的原因，是它比前面兩個「R」——減少使用（Reduce）和重複使用（Reuse）花費更多金錢、能源和資源來實行。

為了深入了解什麼是循環再造，孩子們參觀物料回收設施，艾娃女士向他們講解如何將回收物品分類。在這個設施中，所有可回收的物品都混在一起……

停一停，想一想

回收1噸汽水罐，可以避免3噸二氧化碳的排放。

採取行動！

成為家中的回收主管吧！將已用完的電池帶到電池回收點。紙包飲品盒或其他飲料瓶，以及紡織品通常要分開收集。探索一下你所在的地區可以回收什麼物品吧！

①把混合回收物倒在運輸帶上。手動檢查物品，分辨可回收玻璃、塑膠和紡織品，這些物品在之後的工序都會分開進行。

②現在，回收物會被分離成不同材料並倒進滾筒篩，滾筒會分離出鋁罐和膠樽等不同物品。

③這台稱為「風刀」的機器會利用壓縮的氣流將紙張分揀出來。

④一個巨大的磁鐵會從混合回收物中吸出鋼造的罐，而電磁力可以排斥鋁罐，從而分離這兩種回收物。

⑤紅外線熱像儀會掃描瓶子來分辨出塑膠瓶。及後，「風刀」會把不同類型的塑膠分類。

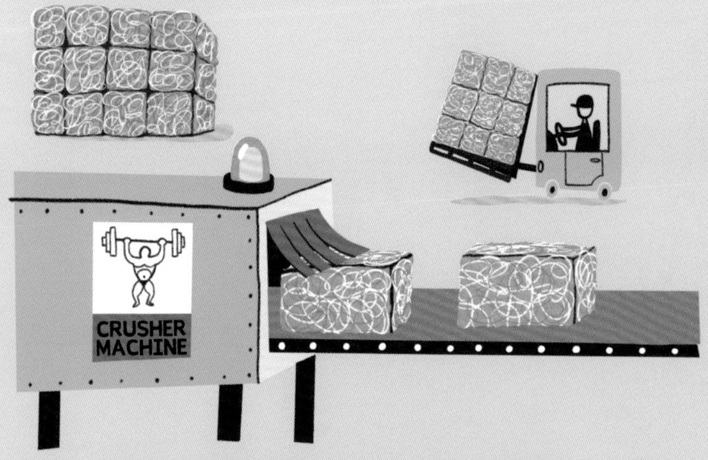

⑥一台巨型壓縮機把分類好的物品壓縮，然後物品會售予製造新環保產品的公司或由同業重新使用。

回收的循環

當物品分類完畢後，孩子們發現回收物開展了新旅程。

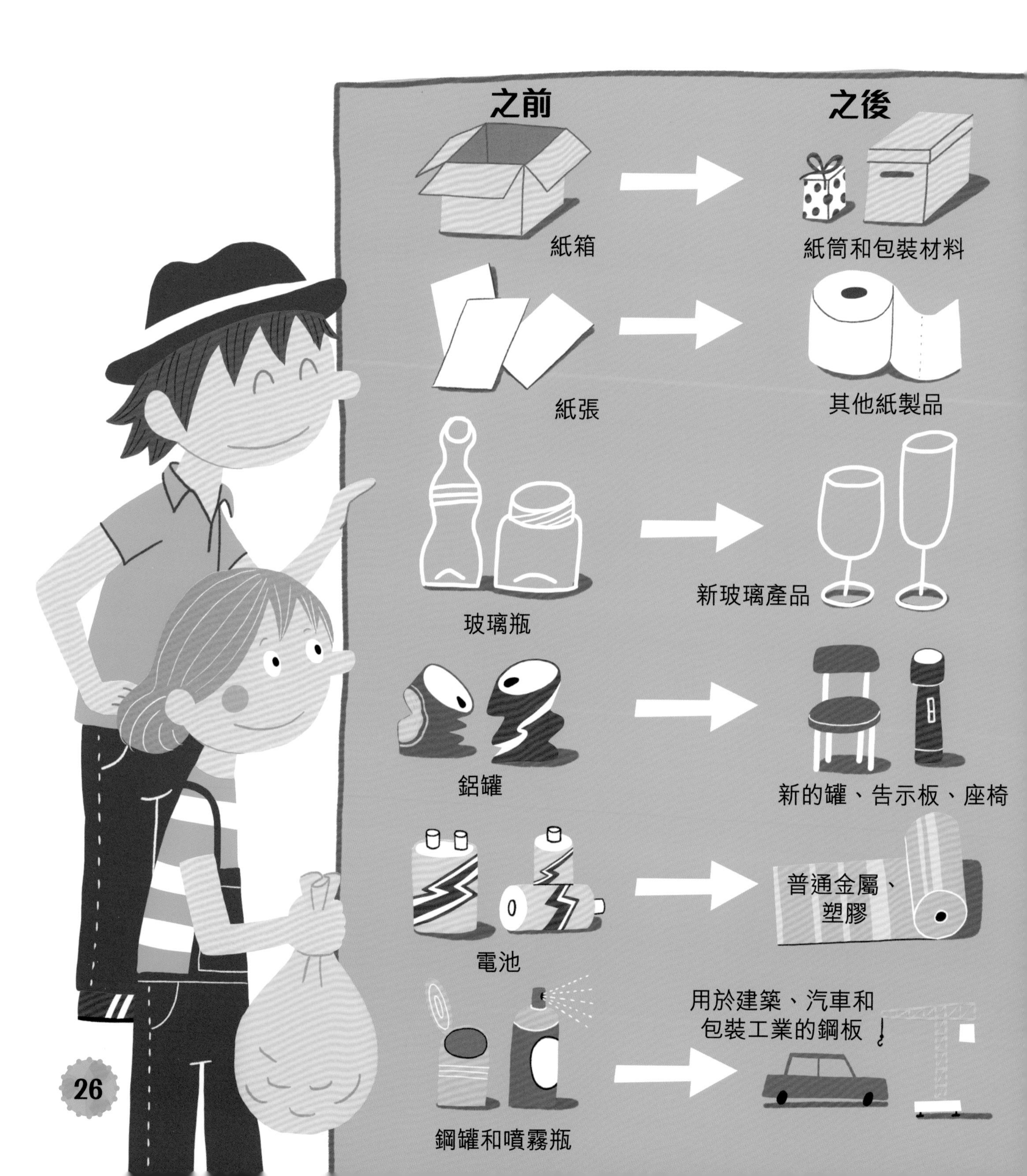

孩子們想知道他們的物品回收後會變成什麼模樣。舊紙張可以輕鬆地回收並再次使用，即使破舊的衣服也可以用作牀上用品的填充物。孩子對這數之不盡的可能性驚訝不已……

重獲新生

孩子們開始探索更多符合道德和對環境友善的商品的回收方式，他們發現一些大公司會將舊運動鞋轉化為既柔軟又安全的遊樂場地墊……

運動鞋的全新刺激之旅……

大多數孩子都喜歡穿運動鞋，尤其是最新穎的「必買」款式。

然而，每雙鞋都有它的壽命──要麼不合腳了，要麼有點磨損。

你可以把它捐贈到慈善機構，或者放進指定回收箱。

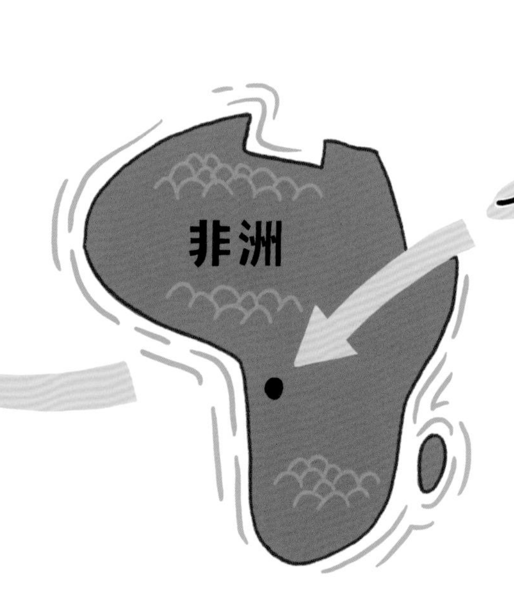

送往回收中心的鞋子可能會寄到較不發達國家，給予有需要的兒童。

有些運動鞋會送往工廠，它的橡膠鞋底會被磨碎來製造叫做「Grind」的新物料。

「Grind」能用來鋪設人行道，遊樂場和跑步徑。

停一停，想一想

你可以嘗試在家中回收，例如把舊蠟筆融化後，再製成新的時髦蠟筆；將融化的蠟筆倒入空的漿糊筆中，這樣就可以將蠟筆扭出來使用。

採取行動！

留意一些利用回收物料製成的衣服。膠瓶可以製成很棒的連帽衛衣；一些別出心裁的設計師甚至利用糖果包裝紙、黑色垃圾袋和報紙製作裙子呢！

環保新設計

將物品的一部分升級再造或重用的這個意念令孩子們覺得很吸引。視藝科老師幫他們在學校製作有趣的玩意——重用和回收一些他們平常會扔掉的物品。他們既感到滿足，也認為這是個很好的愛好。

孩子們用舊膠瓶製作精美的保齡球套裝。你也發揮想像力，看看四周有沒有素材讓你創作獨特的物品吧！

停一停，想一想

升級再造是重用物品，並使它成為比原本更好的東西。人們通常將垃圾或原本打算扔掉的東西升級再造。其中一個很好的例子是舊家具——在抽屜櫃上塗上一層油漆，換上新把手，就煥然一新了。這種升級再造通常比購買全新物品更便宜。

製作精美的保齡球套裝！

你需要：

10 個形狀大小一樣的膠瓶（或其他容器）

顏料、貼紙、閃粉或其他裝飾材料

白膠漿

用來填充瓶子的水或沙

球

步驟：

① 清潔瓶子並取下瓶蓋後，將它們放好以供稍後使用。

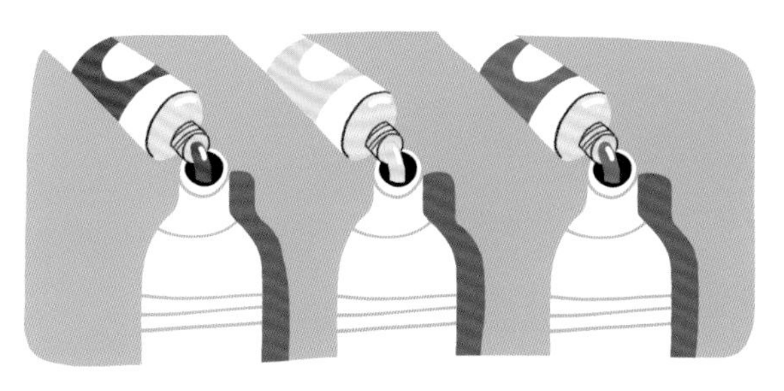

② 將不同顏色的顏料注入每個瓶中。如果顏料比較濃稠，可以加一點水稀釋。

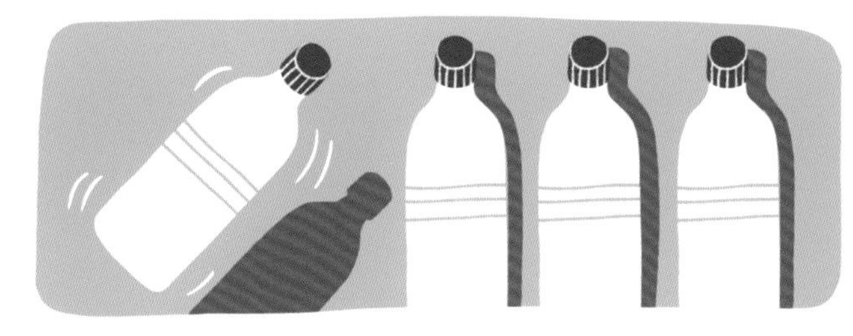

③ 將瓶蓋重新蓋好並扭緊，搖晃瓶子直到顏料完全覆蓋瓶子內部。

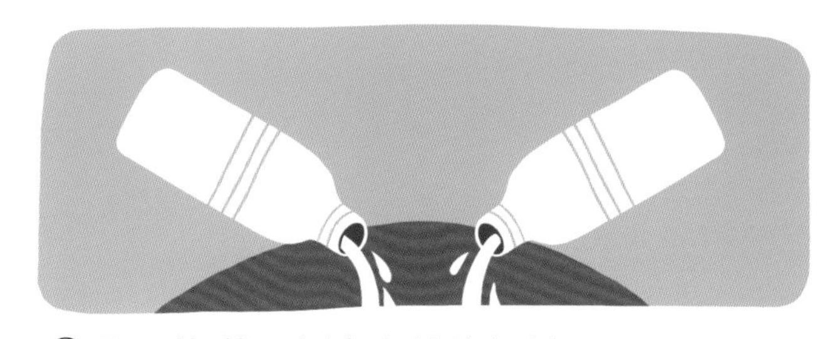

④ 取下瓶蓋，倒出多餘的顏料。

⑤ 你可以繼續裝飾瓶子，例如在瓶身加上絲帶或閃粉，用顏料畫張臉或創造有趣的生物。之後，讓瓶子過夜晾乾。

⑥ 將沙或水填滿瓶子的一半，然後牢牢扭緊瓶蓋。你的保齡球套裝準備好了！

戶外的環保行動

有一天，來自另一個本地綠色組織的山姆來到學校，講述如何令學校遊樂場變得更加環境友好。孩子所做的一切都令他印象深刻，尤其是菜園。於是他向孩子展示如何製作堆肥，並把質素好的堆肥用在農作物上。

▲這些野花很受歡迎，吸引了蜜蜂和其他昆蟲來學校花園。熊蜂（蜜蜂科的蜂類）的數量正在減少，牠們需要採這些花的花蜜才能生存。作為回報，牠們為花朵和蔬菜授粉。

▲輪胎可以回收再用於車輛上，但它們也在遊樂場為孩子帶來很多樂趣。這所學校的孩子幫忙設計了以輪胎為主的遊樂設施。

◀這滑梯是由可持續木材製成的，這種木材來自環保友善森林，這森林是經過適當管理和經營來維護樹木生長，砍伐樹木的同時也會種植新的樹木來延續生態。

學校屋頂上的太陽能板為課室提供潔淨能源。►

學校的池塘裏生機勃勃。孩子們看着蝌蚪變成了青蛙，而且大家也喜歡到這裏撈小生物。▼

▲綠色生活意味着要節約用水！這些水桶收集雨水來澆灌蔬菜和花朵。

孩子們用剩餘的木塊和舊盒子做了這個昆蟲酒店。蝴蝶和甲蟲喜歡在這裏冬眠。▼

採取行動！

在學校製作肥料吧！你和朋友們可商量一下，到底只收集花園廢物做肥料，還是也收集生、熟廚餘？作出決定後，你們需要合適的堆肥機和行動計劃。有很多網站會教你們如何動手呢！

環保晚餐小挑戰

在教室外種植蔬菜，讓孩子思考更多自己吃的食物，在操場製作堆肥，也讓他們思考廚餘的問題。

李先生是學校廚師，他認為在廚房實踐環保也有不少方法。例如在家中烹調新鮮食材，不但有益健康，而且減少包裝，這有助減廢。

李先生留意到學校飯堂的廚餘問題很嚴重，於是他更用心鑽研廚藝，烹調更美味可口的食物，這樣就減少吃剩食物。他還定期更換菜單，讓學生保持新鮮感，而廚房設廚餘垃圾桶也能確保食物不會進入堆填區。

▼剛出爐的蛋糕既好吃，又不含防腐劑。因為新鮮的水果為蛋糕增添了鮮甜的味道。

▲學校午餐有很多蔬菜和沙律。

採取行動！

下次你帶飯盒或去野餐時，嘗試做個零廢棄的午餐盒吧。選用可重複使用的容器，而不是膠瓶飲料、果汁盒或預先包裝食品。同時，也要減少浪費食物，要確保吃光所有食物，或者和朋友分享。在學校裏，你可以和其他班級比賽，看看誰能減少最多垃圾！

綠色家居

在學校邁向綠色生活很容易，在家又如何呢？

諾諾在家中有個任務，他要確保所有沒有人的房間都關掉電燈，沒有人使用電腦時要關機。洗衣服後，要把衣物掛在晾衣繩上晾乾，而不是放入乾衣機。

停一停，想一想

英國每個家庭平均有34盞燈泡，而美國則多達45盞。將老舊的低效燈泡換成節能燈泡，每個家庭便能減低用電量。

露露的父母去年在屋頂安裝了太陽能板，它們能供應足夠電力給整個家庭，甚至還有一些剩餘的電力輸入電網（供應電力的電力站和能源發電機組的網絡）。

傳統上，普通家居一般使用煤炭、天然氣和石油（化石燃料）來發電，但它們會產生溫室氣體和污染。太陽能是一種潔淨的替代能源，它不需要燃燒燃料，能源只來自太陽。

小麗喜歡淋浴而不是浸浴。如果她快速地洗澡，這樣可以節省能源並減少用水。浸浴一次平均要使用約88升水；而淋浴每分鐘流量則約8升。

因此，淋浴5分鐘所用的水量只有浸浴一半。另外，小麗刷牙時也從不會一直開着水龍頭。

森仔的家人使用環保清潔產品或白醋這類天然產品來清潔窗戶。這些產品不進行動物測試，也不污染環境。

採取行動！

要注意「幽靈用戶」！電腦、電視機和微波爐這類電器，即使已關掉它們，也會耗用電力。它們的電子顯示屏或燈光，即使在關閉狀態也可能仍會消耗電力。唯一的解決方法是把主電源關閉。

能源問題很重要！

來自太陽（太陽能）、水（水能和地熱能）和風的潔淨能源是滿足我們未來能源需求的答案。

來自「愛護地球」機構的莉莉，向孩子展示了世界各地人們在轉用不同的潔淨能源。

風力發電

英國是離岸風力發電的領先者。海上風力發電場有高達220米的大風車，每座風車平均發電量為7至8兆瓦。

美國和中國的陸上風力發電場是世界上最便宜的能源來源。

太陽能

中國是太陽能發電的領先國家，其次是德國。

在2017年，中國建成了世界上最大的太陽能發電場。位於青海省的龍羊峽有大約400萬塊太陽能板，在太空都能看到它們！它們可產生850兆瓦的電力，足以供應約20萬個家庭。

水力發電

水力發電是世界上領先的可再生能源。它是以水流進渦輪機來發電的。

截至2022年，中國、巴西、加拿大、美國和俄羅斯在水力發電均排名前列。中國的三峽大壩是世界上最大的水力發電項目。

化石燃料

估計世界上超過60%的電力來自煤炭、石油和天然氣等不可再生能源，目前轉為使用可再生能源的進展仍然緩慢。燃煤發電廠會排放二氧化碳和對健康有害的污染物，例如水銀。

水的鬥士

對露露來說，水是一個重大問題。她擔心我們的水道和海洋受到污染，同時也關注各國的供水情況，因為擁有穩定、乾淨的水是每個人的權利。

有數百個組織（其中大多數是慈善機構）和個人致力保持世界各地的水道、海洋和供水是乾淨和環保的。

WaterAid

每年有315,000名5歲以下的兒童因飲用骯髒的水而死亡。WaterAid是一個國際慈善組織，致力確保供水乾淨和安全。

義工團隊與非洲、印度和其他較不發達國家的人合作，改善供水，創造更衛生的環境。

垃圾帶

海洋中漂浮着5個龐大的垃圾帶，它們包括舊漁網、塑膠容器、大型塑膠垃圾和塑膠微粒。太平洋垃圾帶的核心部分可能達到100萬平方公里。當中一些塑膠物品分解後，會對海洋生物構成嚴重威脅。

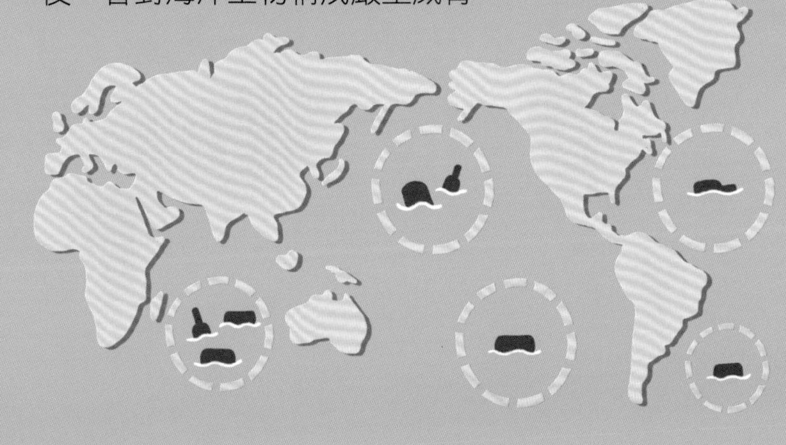

海洋大掃除

一位名叫柏楊·史萊特（Boyan Slat）的年輕荷蘭發明家創辦了「海洋潔淨基金會」組織，旨在清除這些危險的垃圾帶，他開發了一套系統來清理海洋中的塑膠垃圾。

停一停，想一想

牙膏、面部磨砂膏和其他化妝品中的微膠珠對動物和環境構成嚴重威脅。這些微膠珠流入河流、湖泊和海洋，被浮游生物吞食，而浮游生物又被魚吞食，最終可能被鳥吞食。許多組織正在呼籲全球禁止美容產品中使用微膠珠。

交通與污染

改變我們出行方式和使用的交通工具，可以影響大氣層的污染。

▲大型汽車或四驅車擁有大引擎，所以會消耗更多燃料。柴油車也對環境構成威脅——柴油燃燒時會排放微小有害微粒。

▲古董車或老爺車需要更多燃料驅動。

▼ 以下是一些環保駕駛的方法。

- 共乘或合併行程以節省能源。
- 車速慢一點——這是最重要的。
- 不使用冷氣。
- 加入共享汽車會——適合短程駕駛。

騎單車是免費的。節省能源的錢可以讓你添置單車配件，例如單車籃和載物架；其他存下來的錢可以在真正需要時用來乘坐計程車，或者度假時租用汽車。►

坐巴士是環保的選擇嗎？

- 巴士通常使用柴油，會排放出危險的污染物。
- 公共交通工具是個好選擇，因為一輛大型車輛能夠承載更多乘客，紓緩道路擠塞。
- 如果我們想要更環保的城鎮和城市，那麼電動巴士就是未來的方向，香港正積極引入電動巴士投入服務。

◄大多數電單車消耗的燃料比汽車少，因此污染排放也較少。

- 電動車排放的溫室氣體較少。
- 電動車的行駛過程比傳統汽車環保，因為它們不會排放污染物到大氣。
- 雖然電動車價格較高，但行駛成本較低。

停一停，想一想

好消息！在繁忙城市中每天騎單車或步行2小時所帶來的好處，遠大於吸入交通廢氣而對身體造成傷害。起來步行吧！這是很出色的運動，而且能讓你近距離欣賞世界。

大型生態活動節

孩子們開展了非常豐富的學習旅程，他們計劃在學校舉辦生態活動節，為綠色團體和非洲的水資源慈善機構籌集資金。這天有很多環保活動、健康食物和回收而來的獎品。誰想到零廢棄和3R（Reduce, Reuse, Recycle）可以帶來這麼多樂趣？

小麗設了一個賣迷你風車的攤位，來推廣風力發電的概念。

諾諾設了一個計算碳足跡的攤位。

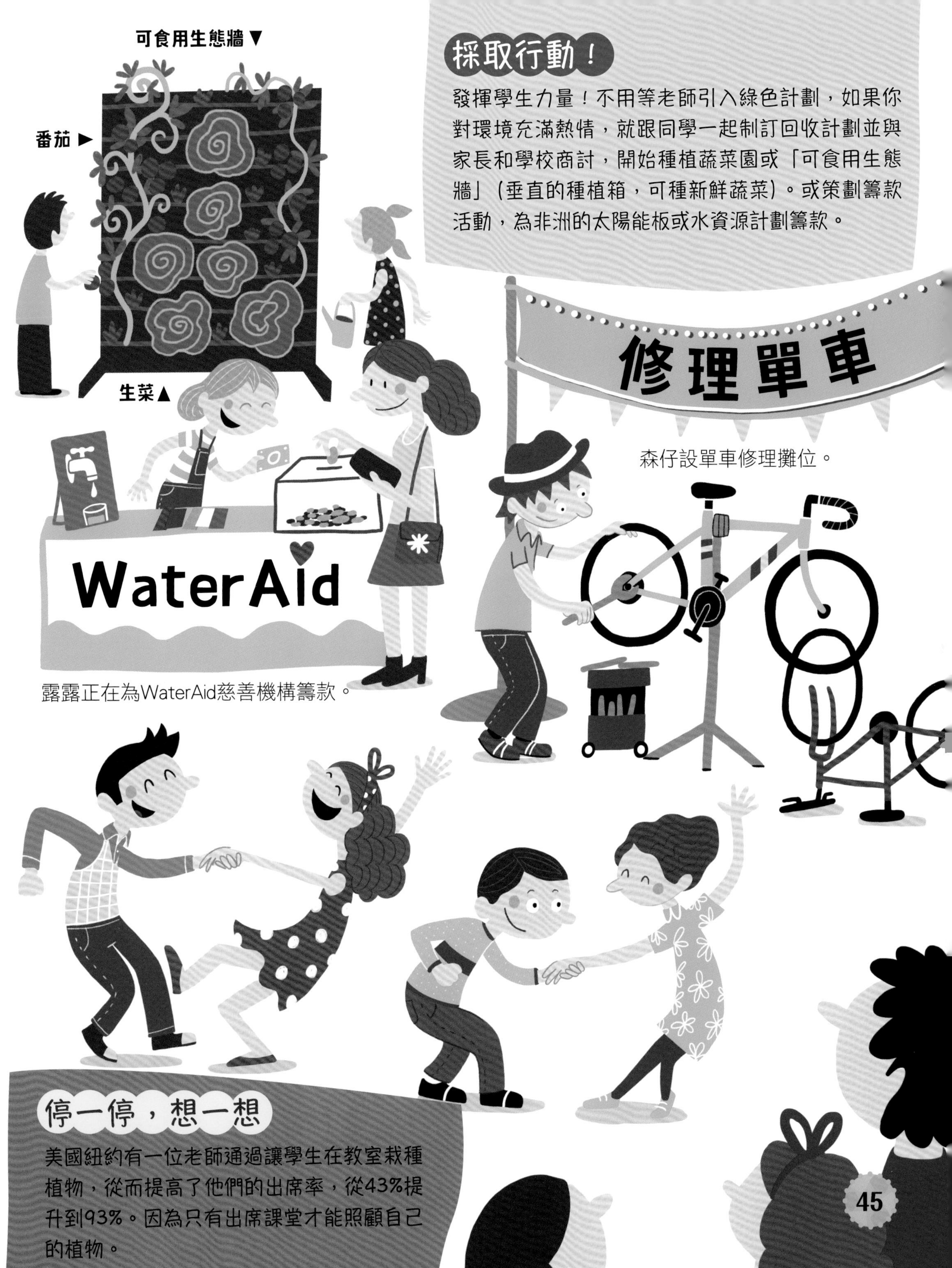

採取行動！

發揮學生力量！不用等老師引入綠色計劃，如果你對環境充滿熱情，就跟同學一起制訂回收計劃並與家長和學校商討，開始種植蔬菜園或「可食用生態牆」（垂直的種植箱，可種新鮮蔬菜）。或策劃籌款活動，為非洲的太陽能板或水資源計劃籌款。

森仔設單車修理攤位。

露露正在為WaterAid慈善機構籌款。

停一停，想一想

美國紐約有一位老師通過讓學生在教室栽種植物，從而提高了他們的出席率，從43%提升到93%。因為只有出席課堂才能照顧自己的植物。

詞彙表

二畫

二氧化碳：無色氣體，在所有動物呼氣時和植物進行光合作用時產生。含有碳的物質（例如煤炭）在燃燒時也會產生這種氣體。

四畫

分解：指物質腐爛。例如枯枝、落葉腐爛分解，變成土壤一部分。

化石燃料：這是一種從以前的生物遺骸形成的天然燃料，例如煤炭、石油或天然氣。

升級再造：將物品改造來重用。

天然資源：大自然中的物質，例如水、土壤、煤炭和木材。

太陽能：將太陽光線轉換為電力。

水力發電：利用快速流動的水力驅動渦輪機來發電。

五畫

可生物降解：一種可以被細菌或其他生物分解或降解的材料。

可再生能源：從太陽光線、風或水等天然資源而來，不會產生污染的能源。

可持續；能夠在現在使用，以及不損害將來，以便將來也能繼續使用的事物。

生態友善：對環境無害的事物。

甲烷氣體；堆填區的垃圾分解時泄漏的天然氣。它可用作燃料，同時也是一種溫室氣體。

六畫

全球暖化：地球溫度上升，導致長期氣候變化。

合乎道德的　指符合道義和良知。道德商品通常是指綠色、有機、節能或符合公平貿易的。

地熱能：從地下熱水井的蒸汽產生電力。

七畫

汽車共享會：一羣人的組織，會從汽車庫中租借或共同使用汽車。

防腐劑：用於延長食物保存期限的化學物質。

八畫

花蜜：花朵分泌出來的甜蜜液體，會被昆蟲採集或食用。

九畫

毒素：有毒的物質。

紅外線熱像儀：它靠溫度來生成圖像，而不像普通相機般，以可見的光線來生成圖像。這意味着紅外線熱像儀可以在黑暗中使用。

十畫

柴油：一種用於柴油汽車的燃料。

氣候變化：地球天氣模式的長期變化。

消防規定：必須遵守防火安全的規定。

十一畫

乾旱：長時間降雨量極少，導致缺水。

堆填區：一個用來埋垃圾或廢物的地方。

授粉：將花粉轉移到植物或花朵上，來讓植物繁殖。

排放：釋放出氣體或煙霧等物質。溫室氣體是一種排放物。

十二畫

焚化爐：一台以高温燃燒廢物的火爐。

焚燒：將東西燒成灰燼。

絕種：如果一個動物物種已經完全消失，該動物會被描述為絕種。

温室氣體：地球大氣中的氣體捕捉了來自太陽的輻射，產生「温室效應」並引致全球變暖。

十三畫

微塑膠：指一些家用或工業用的塑料開始分解或分解時，形成的小塑膠片或顆粒。

微膠珠：指直徑少於1毫米的固體塑膠粒，常見被用於化妝品和清潔用品。這些微膠珠會通過洗手盆沖走，最終流入湖泊和海洋，危害海洋生態。

零廢棄：指確保會重用和回收你消耗的物品。這意味着你使用的一切都不會送往堆填區。

十四畫

慈善機構：以慈善服務為目的之組織，通常不為營利。

十五畫

潔淨能源：使用可再生能源（例如太陽能、風能或水能）所創造的能源，也稱為可再生能源。

熱浪：長時間極熱的天氣。

十九畫

瀕危：面臨危險狀況的事物。瀕危動物面臨快要滅絕的威脅。

延伸資訊

地球之友

https://www.foe.org.hk

這個國際組織致力保護我們的地球。你可以參加一些本地的活動，為更綠色的地球出一分力。

綠色和平

https://www.greenpeace.org/hongkong/

這個國際慈善組織自1971年成立以來，一直積極參與環保事業。如今，除了推行環保活動外，他們還致力減緩氣候變化、保護海洋免受塑膠污染、保護雨林和拯救北極。

WaterAid

www.wateraid.org/uk/

這個國際組織為全球需要幫助的社區提供乾淨的水源、適當的廁所、衞生設施和改善衞生。

救世軍——循環再用計劃

https://recycling.salvationarmy.org.hk

這是一個香港有悠久歷史的回收組織。從60年代開始，救世軍就向社會收集二手物資再捐給有需要人士。

綠在區區

https://wastereduction.gov.hk/zh-hk/waste-reduction-programme/greencommunity

這是服務全香港社區的回收網絡。它旨在支援社區回收，還會舉辦不同環保教育活動，把綠色文化帶進社區。

GOODS-CO

https://goods-co.hk

這是由聖雅各福群會推出的一站式二手物品配對平台，它獲滙豐銀行慈善基金支持。這個平台致力推動二手重用文化，希望為基層人士紓解困境，將二手物品送至有需要人士手上。

索引